中华人民共和国预算法
中华人民共和国预算法实施条例

中国法制出版社

中华人民共和国预算法
中华人民共和国预算法实施条例
ZHONGHUA RENMIN GONGHEGUO YUSUANFA
ZHONGHUA RENMIN GONGHEGUO YUSUANFA SHISHI TIAOLI

经销/新华书店
印刷/保定市中画美凯印刷有限公司
开本/850 毫米×1168 毫米 32 开　　印张/2 字数/35 千
版次/2020 年 8 月第 1 版　　2023 年 10 月第 4 次印刷

中国法制出版社出版
书号 ISBN 978-7-5216-1250-9　　定价：8.00 元

北京市西城区西便门西里甲 16 号西便门办公区
邮政编码：100053　　传真：010-63141600
网址：http://www.zgfzs.com　　编辑部电话：010-63141673
市场营销部电话：010-63141612　　印务部电话：010-63141606

（如有印装质量问题，请与本社印务部联系。）

目　　录

中华人民共和国预算法

（1994年3月22日第八届全国人民代表大会第二次会议通过　根据2014年8月31日第十二届全国人民代表大会常务委员会第十次会议《关于修改〈中华人民共和国预算法〉的决定》第一次修正　根据2018年12月29日第十三届全国人民代表大会常务委员会第七次会议《关于修改〈中华人民共和国产品质量法〉等五部法律的决定》第二次修正）

目　　录

第一章　总　　则

第一条　为了规范政府收支行为，强化预算约束，加强对预算的管理和监督，建立健全全面规范、公开透明的预算制度，保障经济社会的健康发展，根据宪法，制定本法。

第二条　预算、决算的编制、审查、批准、监督，以及预算的执行和调整，依照本法规定执行。

第三条　国家实行一级政府一级预算，设立中央，省、自治区、直辖市，设区的市、自治州，县、自治县、不设区的市、市辖区，乡、民族乡、镇五级预算。

全国预算由中央预算和地方预算组成。地方预算由各省、自治区、直辖市总预算组成。

地方各级总预算由本级预算和汇总的下一级总预算组成；下一级只有本级预算的，下一级总预算即指下一级的本级预算。没有下一级预算的，总预算即指本级预算。

第四条　预算由预算收入和预算支出组成。

政府的全部收入和支出都应当纳入预算。

第五条　预算包括一般公共预算、政府性基金预算、国有资本经营预算、社会保险基金预算。

一般公共预算、政府性基金预算、国有资本经营预算、社会保险基金预算应当保持完整、独立。政府性基金预算、国有资本经营预算、社会保险基金预算应当与一般公共预算相衔接。

第六条　一般公共预算是对以税收为主体的财政收入，安排用于保障和改善民生、推动经济社会发展、维护国家安全、维持国家机构正常运转等方面的收支预算。

中央一般公共预算包括中央各部门（含直属单位，下同）的预算和中央对地方的税收返还、转移支付预算。

中央一般公共预算收入包括中央本级收入和地方向中央的上解收入。中央一般公共预算支出包括中央本级支出、中央对地方的税收返还和转移支付。

第七条 地方各级一般公共预算包括本级各部门（含直属单位，下同）的预算和税收返还、转移支付预算。

地方各级一般公共预算收入包括地方本级收入、上级政府对本级政府的税收返还和转移支付、下级政府的上解收入。地方各级一般公共预算支出包括地方本级支出、对上级政府的上解支出、对下级政府的税收返还和转移支付。

第八条 各部门预算由本部门及其所属各单位预算组成。

第九条 政府性基金预算是对依照法律、行政法规的规定在一定期限内向特定对象征收、收取或者以其他方式筹集的资金，专项用于特定公共事业发展的收支预算。

政府性基金预算应当根据基金项目收入情况和实际支出需要，按基金项目编制，做到以收定支。

第十条 国有资本经营预算是对国有资本收益作出支出安排的收支预算。

国有资本经营预算应当按照收支平衡的原则编制，不列赤字，并安排资金调入一般公共预算。

第十一条 社会保险基金预算是对社会保险缴款、一般公共预算安排和其他方式筹集的资金，专项用于社会保险的收支预算。

社会保险基金预算应当按照统筹层次和社会保险项目分别编制，做到收支平衡。

第十二条 各级预算应当遵循统筹兼顾、勤俭节约、量力而行、讲求绩效和收支平衡的原则。

各级政府应当建立跨年度预算平衡机制。

第十三条 经人民代表大会批准的预算，非经法定程序，不得调整。各级政府、各部门、各单位的支出必须以经批准的预算为依据，未列入预算的不得支出。

第十四条 经本级人民代表大会或者本级人民代表大会常务委员会批准的预算、预算调整、决算、预算执行情况的报告及报表，应当在批准后二十日内由本级政府财政部门向社会公开，并对本级政府财政转移支付安排、执行的情况以及举借债务的情况等重要事项作出说明。

经本级政府财政部门批复的部门预算、决算及报表，应当在批复后二十日内由各部门向社会公开，并对部门预算、决算中机关运行经费的安排、使用情况等重要事项作出说明。

各级政府、各部门、各单位应当将政府采购的情况及时向社会公开。

本条前三款规定的公开事项，涉及国家秘密的除外。

第十五条 国家实行中央和地方分税制。

第十六条 国家实行财政转移支付制度。财政转移支付应当规范、公平、公开，以推进地区间基本公共服务均等化为主要目标。

财政转移支付包括中央对地方的转移支付和地方上级政府

对下级政府的转移支付，以为均衡地区间基本财力、由下级政府统筹安排使用的一般性转移支付为主体。

按照法律、行政法规和国务院的规定可以设立专项转移支付，用于办理特定事项。建立健全专项转移支付定期评估和退出机制。市场竞争机制能够有效调节的事项不得设立专项转移支付。

上级政府在安排专项转移支付时，不得要求下级政府承担配套资金。但是，按照国务院的规定应当由上下级政府共同承担的事项除外。

第十七条　各级预算的编制、执行应当建立健全相互制约、相互协调的机制。

第十八条　预算年度自公历一月一日起，至十二月三十一日止。

第十九条　预算收入和预算支出以人民币元为计算单位。

第二章　预算管理职权

第二十条　全国人民代表大会审查中央和地方预算草案及中央和地方预算执行情况的报告；批准中央预算和中央预算执行情况的报告；改变或者撤销全国人民代表大会常务委员会关于预算、决算的不适当的决议。

全国人民代表大会常务委员会监督中央和地方预算的执行；审查和批准中央预算的调整方案；审查和批准中央决算；撤销国务院制定的同宪法、法律相抵触的关于预算、决算的行政法规、决定和命令；撤销省、自治区、直辖市人民代表大会及其常务委员会制定的同宪法、法律和行政法规相抵触的关于预算、决算的地方性法规和决议。

第二十一条 县级以上地方各级人民代表大会审查本级总预算草案及本级总预算执行情况的报告；批准本级预算和本级预算执行情况的报告；改变或者撤销本级人民代表大会常务委员会关于预算、决算的不适当的决议；撤销本级政府关于预算、决算的不适当的决定和命令。

县级以上地方各级人民代表大会常务委员会监督本级总预算的执行；审查和批准本级预算的调整方案；审查和批准本级决算；撤销本级政府和下一级人民代表大会及其常务委员会关于预算、决算的不适当的决定、命令和决议。

乡、民族乡、镇的人民代表大会审查和批准本级预算和本级预算执行情况的报告；监督本级预算的执行；审查和批准本级预算的调整方案；审查和批准本级决算；撤销本级政府关于预算、决算的不适当的决定和命令。

第二十二条 全国人民代表大会财政经济委员会对中央预算草案初步方案及上一年预算执行情况、中央预算调整初步方案和中央决算草案进行初步审查，提出初步审查意见。

省、自治区、直辖市人民代表大会有关专门委员会对本级预算草案初步方案及上一年预算执行情况、本级预算调整初步方案和本级决算草案进行初步审查，提出初步审查意见。

设区的市、自治州人民代表大会有关专门委员会对本级预算草案初步方案及上一年预算执行情况、本级预算调整初步方案和本级决算草案进行初步审查，提出初步审查意见，未设立专门委员会的，由本级人民代表大会常务委员会有关工作机构研究提出意见。

县、自治县、不设区的市、市辖区人民代表大会常务委员会对本级预算草案初步方案及上一年预算执行情况进行初步审查，提出初步审查意见。县、自治县、不设区的市、市辖区人民代表大会常务委员会有关工作机构对本级预算调整初步方案和本级决算草案研究提出意见。

设区的市、自治州以上各级人民代表大会有关专门委员会进行初步审查、常务委员会有关工作机构研究提出意见时，应当邀请本级人民代表大会代表参加。

对依照本条第一款至第四款规定提出的意见，本级政府财政部门应当将处理情况及时反馈。

依照本条第一款至第四款规定提出的意见以及本级政府财政部门反馈的处理情况报告，应当印发本级人民代表大会代表。

全国人民代表大会常务委员会和省、自治区、直辖市、设区的市、自治州人民代表大会常务委员会有关工作机构，依照本级人民代表大会常务委员会的决定，协助本级人民代表大会财政经济委员会或者有关专门委员会承担审查预算草案、预算调整方案、决算草案和监督预算执行等方面的具体工作。

第二十三条 国务院编制中央预算、决算草案；向全国人民代表大会作关于中央和地方预算草案的报告；将省、自治区、直辖市政府报送备案的预算汇总后报全国人民代表大会常务委员会备案；组织中央和地方预算的执行；决定中央预算预备费的动用；编制中央预算调整方案；监督中央各部门和地方政府的预算执行；改变或者撤销中央各部门和地方政府关于预算、决算的不适当的决定、命令；向全国人民代表大会、全国人民代表大会常务委员会报告中央和地方预算的执行情况。

第二十四条 县级以上地方各级政府编制本级预算、决算草案；向本级人民代表大会作关于本级总预算草案的报告；将下一级政府报送备案的预算汇总后报本级人民代表大会常务委员会备案；组织本级总预算的执行；决定本级预算预备费的动用；编制本级预算的调整方案；监督本级各部门和下级政府的预算执行；改变或者撤销本级各部门和下级政府关于预算、决算的不适当的决定、命令；向本级人民代表大会、本级人民代表大会常务委员会报告本级总预算的执行情况。

乡、民族乡、镇政府编制本级预算、决算草案；向本级人民代表大会作关于本级预算草案的报告；组织本级预算的执行；决定本级预算预备费的动用；编制本级预算的调整方案；向本级人民代表大会报告本级预算的执行情况。

经省、自治区、直辖市政府批准，乡、民族乡、镇本级预算草案、预算调整方案、决算草案，可以由上一级政府代编，并依照本法第二十一条的规定报乡、民族乡、镇的人民代表大会审查和批准。

第二十五条 国务院财政部门具体编制中央预算、决算草案；具体组织中央和地方预算的执行；提出中央预算预备费动用方案；具体编制中央预算的调整方案；定期向国务院报告中央和地方预算的执行情况。

地方各级政府财政部门具体编制本级预算、决算草案；具体组织本级总预算的执行；提出本级预算预备费动用方案；具体编制本级预算的调整方案；定期向本级政府和上一级政府财政部门报告本级总预算的执行情况。

第二十六条 各部门编制本部门预算、决算草案；组织和监督本部门预算的执行；定期向本级政府财政部门报告预算的执行情况。

各单位编制本单位预算、决算草案；按照国家规定上缴预算收入，安排预算支出，并接受国家有关部门的监督。

第三章 预算收支范围

第二十七条 一般公共预算收入包括各项税收收入、行政事业性收费收入、国有资源（资产）有偿使用收入、转移性收入和其他收入。

一般公共预算支出按照其功能分类，包括一般公共服务支出，外交、公共安全、国防支出，农业、环境保护支出，教育、科技、文化、卫生、体育支出，社会保障及就业支出和其他支出。

一般公共预算支出按照其经济性质分类，包括工资福利支出、商品和服务支出、资本性支出和其他支出。

第二十八条 政府性基金预算、国有资本经营预算和社会保险基金预算的收支范围，按照法律、行政法规和国务院的规定执行。

第二十九条 中央预算与地方预算有关收入和支出项目的划分、地方向中央上解收入、中央对地方税收返还或者转移支付的具体办法，由国务院规定，报全国人民代表大会常务委员会备案。

第三十条 上级政府不得在预算之外调用下级政府预算的资金。下级政府不得挤占或者截留属于上级政府预算的资金。

第四章　预算编制

第三十一条　国务院应当及时下达关于编制下一年预算草案的通知。编制预算草案的具体事项由国务院财政部门部署。

各级政府、各部门、各单位应当按照国务院规定的时间编制预算草案。

第三十二条　各级预算应当根据年度经济社会发展目标、国家宏观调控总体要求和跨年度预算平衡的需要，参考上一年预算执行情况、有关支出绩效评价结果和本年度收支预测，按照规定程序征求各方面意见后，进行编制。

各级政府依据法定权限作出决定或者制定行政措施，凡涉及增加或者减少财政收入或者支出的，应当在预算批准前提出并在预算草案中作出相应安排。

各部门、各单位应当按照国务院财政部门制定的政府收支分类科目、预算支出标准和要求，以及绩效目标管理等预算编制规定，根据其依法履行职能和事业发展的需要以及存量资产情况，编制本部门、本单位预算草案。

前款所称政府收支分类科目，收入分为类、款、项、目；支出按其功能分类分为类、款、项，按其经济性质分类分为类、款。

第三十三条　省、自治区、直辖市政府应当按照国务院规定的时间，将本级总预算草案报国务院审核汇总。

第三十四条　中央一般公共预算中必需的部分资金，可以通过举借国内和国外债务等方式筹措，举借债务应当控制适当的规模，保持合理的结构。

对中央一般公共预算中举借的债务实行余额管理，余额的规模不得超过全国人民代表大会批准的限额。

国务院财政部门具体负责对中央政府债务的统一管理。

第三十五条 地方各级预算按照量入为出、收支平衡的原则编制，除本法另有规定外，不列赤字。

经国务院批准的省、自治区、直辖市的预算中必需的建设投资的部分资金，可以在国务院确定的限额内，通过发行地方政府债券举借债务的方式筹措。举借债务的规模，由国务院报全国人民代表大会或者全国人民代表大会常务委员会批准。省、自治区、直辖市依照国务院下达的限额举借的债务，列入本级预算调整方案，报本级人民代表大会常务委员会批准。举借的债务应当有偿还计划和稳定的偿还资金来源，只能用于公益性资本支出，不得用于经常性支出。

除前款规定外，地方政府及其所属部门不得以任何方式举借债务。

除法律另有规定外，地方政府及其所属部门不得为任何单位和个人的债务以任何方式提供担保。

国务院建立地方政府债务风险评估和预警机制、应急处置机制以及责任追究制度。国务院财政部门对地方政府债务实施监督。

第三十六条 各级预算收入的编制，应当与经济社会发展水平相适应，与财政政策相衔接。

各级政府、各部门、各单位应当依照本法规定，将所有政府收入全部列入预算，不得隐瞒、少列。

第三十七条　各级预算支出应当依照本法规定，按其功能和经济性质分类编制。

各级预算支出的编制，应当贯彻勤俭节约的原则，严格控制各部门、各单位的机关运行经费和楼堂馆所等基本建设支出。

各级一般公共预算支出的编制，应当统筹兼顾，在保证基本公共服务合理需要的前提下，优先安排国家确定的重点支出。

第三十八条　一般性转移支付应当按照国务院规定的基本标准和计算方法编制。专项转移支付应当分地区、分项目编制。

县级以上各级政府应当将对下级政府的转移支付预计数提前下达下级政府。

地方各级政府应当将上级政府提前下达的转移支付预计数编入本级预算。

第三十九条　中央预算和有关地方预算中应当安排必要的资金，用于扶助革命老区、民族地区、边疆地区、贫困地区发展经济社会建设事业。

第四十条　各级一般公共预算应当按照本级一般公共预算支出额的百分之一至百分之三设置预备费，用于当年预算执行中的自然灾害等突发事件处理增加的支出及其他难以预见的开支。

第四十一条　各级一般公共预算按照国务院的规定可以设置预算周转金，用于本级政府调剂预算年度内季节性收支差额。

各级一般公共预算按照国务院的规定可以设置预算稳定调节基金，用于弥补以后年度预算资金的不足。

第四十二条　各级政府上一年预算的结转资金，应当在下一年用于结转项目的支出；连续两年未用完的结转资金，应当作为结余资金管理。

各部门、各单位上一年预算的结转、结余资金按照国务院财政部门的规定办理。

第五章 预算审查和批准

第四十三条 中央预算由全国人民代表大会审查和批准。

地方各级预算由本级人民代表大会审查和批准。

第四十四条 国务院财政部门应当在每年全国人民代表大会会议举行的四十五日前，将中央预算草案的初步方案提交全国人民代表大会财政经济委员会进行初步审查。

省、自治区、直辖市政府财政部门应当在本级人民代表大会会议举行的三十日前，将本级预算草案的初步方案提交本级人民代表大会有关专门委员会进行初步审查。

设区的市、自治州政府财政部门应当在本级人民代表大会会议举行的三十日前，将本级预算草案的初步方案提交本级人民代表大会有关专门委员会进行初步审查，或者送交本级人民代表大会常务委员会有关工作机构征求意见。

县、自治县、不设区的市、市辖区政府应当在本级人民代表大会会议举行的三十日前，将本级预算草案的初步方案提交本级人民代表大会常务委员会进行初步审查。

第四十五条 县、自治县、不设区的市、市辖区、乡、民族乡、镇的人民代表大会举行会议审查预算草案前，应当采用多种形式，组织本级人民代表大会代表，听取选民和社会各界的意见。

第四十六条 报送各级人民代表大会审查和批准的预算草

案应当细化。本级一般公共预算支出，按其功能分类应当编列到项；按其经济性质分类，基本支出应当编列到款。本级政府性基金预算、国有资本经营预算、社会保险基金预算支出，按其功能分类应当编列到项。

第四十七条 国务院在全国人民代表大会举行会议时，向大会作关于中央和地方预算草案以及中央和地方预算执行情况的报告。

地方各级政府在本级人民代表大会举行会议时，向大会作关于总预算草案和总预算执行情况的报告。

第四十八条 全国人民代表大会和地方各级人民代表大会对预算草案及其报告、预算执行情况的报告重点审查下列内容：

（一）上一年预算执行情况是否符合本级人民代表大会预算决议的要求；

（二）预算安排是否符合本法的规定；

（三）预算安排是否贯彻国民经济和社会发展的方针政策，收支政策是否切实可行；

（四）重点支出和重大投资项目的预算安排是否适当；

（五）预算的编制是否完整，是否符合本法第四十六条的规定；

（六）对下级政府的转移性支出预算是否规范、适当；

（七）预算安排举借的债务是否合法、合理，是否有偿还计划和稳定的偿还资金来源；

（八）与预算有关重要事项的说明是否清晰。

第四十九条 全国人民代表大会财政经济委员会向全国人民代表大会主席团提出关于中央和地方预算草案及中央和地方

预算执行情况的审查结果报告。

省、自治区、直辖市、设区的市、自治州人民代表大会有关专门委员会，县、自治县、不设区的市、市辖区人民代表大会常务委员会，向本级人民代表大会主席团提出关于总预算草案及上一年总预算执行情况的审查结果报告。

审查结果报告应当包括下列内容：

（一）对上一年预算执行和落实本级人民代表大会预算决议的情况作出评价；

（二）对本年度预算草案是否符合本法的规定，是否可行作出评价；

（三）对本级人民代表大会批准预算草案和预算报告提出建议；

（四）对执行年度预算、改进预算管理、提高预算绩效、加强预算监督等提出意见和建议。

第五十条　乡、民族乡、镇政府应当及时将经本级人民代表大会批准的本级预算报上一级政府备案。县级以上地方各级政府应当及时将经本级人民代表大会批准的本级预算及下一级政府报送备案的预算汇总，报上一级政府备案。

县级以上地方各级政府将下一级政府依照前款规定报送备案的预算汇总后，报本级人民代表大会常务委员会备案。国务院将省、自治区、直辖市政府依照前款规定报送备案的预算汇总后，报全国人民代表大会常务委员会备案。

第五十一条　国务院和县级以上地方各级政府对下一级政府依照本法第五十条规定报送备案的预算，认为有同法律、行政法规相抵触或者有其他不适当之处，需要撤销批准预算的决议的，应当提请本级人民代表大会常务委员会审议决定。

第五十二条 各级预算经本级人民代表大会批准后，本级政府财政部门应当在二十日内向本级各部门批复预算。各部门应当在接到本级政府财政部门批复的本部门预算后十五日内向所属各单位批复预算。

中央对地方的一般性转移支付应当在全国人民代表大会批准预算后三十日内正式下达。中央对地方的专项转移支付应当在全国人民代表大会批准预算后九十日内正式下达。

省、自治区、直辖市政府接到中央一般性转移支付和专项转移支付后，应当在三十日内正式下达到本行政区域县级以上各级政府。

县级以上地方各级预算安排对下级政府的一般性转移支付和专项转移支付，应当分别在本级人民代表大会批准预算后的三十日和六十日内正式下达。

对自然灾害等突发事件处理的转移支付，应当及时下达预算；对据实结算等特殊项目的转移支付，可以分期下达预算，或者先预付后结算。

县级以上各级政府财政部门应当将批复本级各部门的预算和批复下级政府的转移支付预算，抄送本级人民代表大会财政经济委员会、有关专门委员会和常务委员会有关工作机构。

第六章 预算执行

第五十三条 各级预算由本级政府组织执行，具体工作由本级政府财政部门负责。

各部门、各单位是本部门、本单位的预算执行主体，负责本部门、本单位的预算执行，并对执行结果负责。

第五十四条 预算年度开始后，各级预算草案在本级人民代表大会批准前，可以安排下列支出：

（一）上一年度结转的支出；

（二）参照上一年同期的预算支出数额安排必须支付的本年度部门基本支出、项目支出，以及对下级政府的转移性支出；

（三）法律规定必须履行支付义务的支出，以及用于自然灾害等突发事件处理的支出。

根据前款规定安排支出的情况，应当在预算草案的报告中作出说明。

预算经本级人民代表大会批准后，按照批准的预算执行。

第五十五条 预算收入征收部门和单位，必须依照法律、行政法规的规定，及时、足额征收应征的预算收入。不得违反法律、行政法规规定，多征、提前征收或者减征、免征、缓征应征的预算收入，不得截留、占用或者挪用预算收入。

各级政府不得向预算收入征收部门和单位下达收入指标。

第五十六条 政府的全部收入应当上缴国家金库（以下简称国库），任何部门、单位和个人不得截留、占用、挪用或者拖欠。

对于法律有明确规定或者经国务院批准的特定专用资金，可以依照国务院的规定设立财政专户。

第五十七条 各级政府财政部门必须依照法律、行政法规和国务院财政部门的规定，及时、足额地拨付预算支出资金，加强对预算支出的管理和监督。

各级政府、各部门、各单位的支出必须按照预算执行，不得虚假列支。

各级政府、各部门、各单位应当对预算支出情况开展绩效评价。

第五十八条　各级预算的收入和支出实行收付实现制。

特定事项按照国务院的规定实行权责发生制的有关情况，应当向本级人民代表大会常务委员会报告。

第五十九条　县级以上各级预算必须设立国库；具备条件的乡、民族乡、镇也应当设立国库。

中央国库业务由中国人民银行经理，地方国库业务依照国务院的有关规定办理。

各级国库应当按照国家有关规定，及时准确地办理预算收入的收纳、划分、留解、退付和预算支出的拨付。

各级国库库款的支配权属于本级政府财政部门。除法律、行政法规另有规定外，未经本级政府财政部门同意，任何部门、单位和个人都无权冻结、动用国库库款或者以其他方式支配已入国库的库款。

各级政府应当加强对本级国库的管理和监督，按照国务院的规定完善国库现金管理，合理调节国库资金余额。

第六十条　已经缴入国库的资金，依照法律、行政法规的规定或者国务院的决定需要退付的，各级政府财政部门或者其授权的机构应当及时办理退付。按照规定应当由财政支出安排的事项，不得用退库处理。

第六十一条　国家实行国库集中收缴和集中支付制度，对政府全部收入和支出实行国库集中收付管理。

第六十二条　各级政府应当加强对预算执行的领导，支持政府财政、税务、海关等预算收入的征收部门依法组织预算收入，支持政府财政部门严格管理预算支出。

财政、税务、海关等部门在预算执行中，应当加强对预算执行的分析；发现问题时应当及时建议本级政府采取措施予以解决。

第六十三条 各部门、各单位应当加强对预算收入和支出的管理，不得截留或者动用应当上缴的预算收入，不得擅自改变预算支出的用途。

第六十四条 各级预算预备费的动用方案，由本级政府财政部门提出，报本级政府决定。

第六十五条 各级预算周转金由本级政府财政部门管理，不得挪作他用。

第六十六条 各级一般公共预算年度执行中有超收收入的，只能用于冲减赤字或者补充预算稳定调节基金。

各级一般公共预算的结余资金，应当补充预算稳定调节基金。

省、自治区、直辖市一般公共预算年度执行中出现短收，通过调入预算稳定调节基金、减少支出等方式仍不能实现收支平衡的，省、自治区、直辖市政府报本级人民代表大会或者其常务委员会批准，可以增列赤字，报国务院财政部门备案，并应当在下一年度预算中予以弥补。

第七章 预算调整

第六十七条 经全国人民代表大会批准的中央预算和经地方各级人民代表大会批准的地方各级预算，在执行中出现下列情况之一的，应当进行预算调整：

（一）需要增加或者减少预算总支出的；

（二）需要调入预算稳定调节基金的；

（三）需要调减预算安排的重点支出数额的；

（四）需要增加举借债务数额的。

第六十八条 在预算执行中，各级政府一般不制定新的增加财政收入或者支出的政策和措施，也不制定减少财政收入的政策和措施；必须作出并需要进行预算调整的，应当在预算调整方案中作出安排。

第六十九条 在预算执行中，各级政府对于必须进行的预算调整，应当编制预算调整方案。预算调整方案应当说明预算调整的理由、项目和数额。

在预算执行中，由于发生自然灾害等突发事件，必须及时增加预算支出的，应当先动支预备费；预备费不足支出的，各级政府可以先安排支出，属于预算调整的，列入预算调整方案。

国务院财政部门应当在全国人民代表大会常务委员会举行会议审查和批准预算调整方案的三十日前，将预算调整初步方案送交全国人民代表大会财政经济委员会进行初步审查。

省、自治区、直辖市政府财政部门应当在本级人民代表大会常务委员会举行会议审查和批准预算调整方案的三十日前，将预算调整初步方案送交本级人民代表大会有关专门委员会进行初步审查。

设区的市、自治州政府财政部门应当在本级人民代表大会常务委员会举行会议审查和批准预算调整方案的三十日前，将预算调整初步方案送交本级人民代表大会有关专门委员会进行初步审查，或者送交本级人民代表大会常务委员会有关工作机构征求意见。

县、自治县、不设区的市、市辖区政府财政部门应当在本级人民代表大会常务委员会举行会议审查和批准预算调整方案的三十日前，将预算调整初步方案送交本级人民代表大会常务委员会有关工作机构征求意见。

中央预算的调整方案应当提请全国人民代表大会常务委员会审查和批准。县级以上地方各级预算的调整方案应当提请本级人民代表大会常务委员会审查和批准；乡、民族乡、镇预算的调整方案应当提请本级人民代表大会审查和批准。未经批准，不得调整预算。

第七十条　经批准的预算调整方案，各级政府应当严格执行。未经本法第六十九条规定的程序，各级政府不得作出预算调整的决定。

对违反前款规定作出的决定，本级人民代表大会、本级人民代表大会常务委员会或者上级政府应当责令其改变或者撤销。

第七十一条　在预算执行中，地方各级政府因上级政府增加不需要本级政府提供配套资金的专项转移支付而引起的预算支出变化，不属于预算调整。

接受增加专项转移支付的县级以上地方各级政府应当向本级人民代表大会常务委员会报告有关情况；接受增加专项转移支付的乡、民族乡、镇政府应当向本级人民代表大会报告有关情况。

第七十二条　各部门、各单位的预算支出应当按照预算科目执行。严格控制不同预算科目、预算级次或者项目间的预算资金的调剂，确需调剂使用的，按照国务院财政部门的规定办理。

第七十三条 地方各级预算的调整方案经批准后，由本级政府报上一级政府备案。

第八章 决 算

第七十四条 决算草案由各级政府、各部门、各单位，在每一预算年度终了后按照国务院规定的时间编制。

编制决算草案的具体事项，由国务院财政部门部署。

第七十五条 编制决算草案，必须符合法律、行政法规，做到收支真实、数额准确、内容完整、报送及时。

决算草案应当与预算相对应，按预算数、调整预算数、决算数分别列出。一般公共预算支出应当按其功能分类编列到项，按其经济性质分类编列到款。

第七十六条 各部门对所属各单位的决算草案，应当审核并汇总编制本部门的决算草案，在规定的期限内报本级政府财政部门审核。

各级政府财政部门对本级各部门决算草案审核后发现有不符合法律、行政法规规定的，有权予以纠正。

第七十七条 国务院财政部门编制中央决算草案，经国务院审计部门审计后，报国务院审定，由国务院提请全国人民代表大会常务委员会审查和批准。

县级以上地方各级政府财政部门编制本级决算草案，经本级政府审计部门审计后，报本级政府审定，由本级政府提请本级人民代表大会常务委员会审查和批准。

乡、民族乡、镇政府编制本级决算草案，提请本级人民代表大会审查和批准。

第七十八条 国务院财政部门应当在全国人民代表大会常务委员会举行会议审查和批准中央决算草案的三十日前，将上一年度中央决算草案提交全国人民代表大会财政经济委员会进行初步审查。

省、自治区、直辖市政府财政部门应当在本级人民代表大会常务委员会举行会议审查和批准本级决算草案的三十日前，将上一年度本级决算草案提交本级人民代表大会有关专门委员会进行初步审查。

设区的市、自治州政府财政部门应当在本级人民代表大会常务委员会举行会议审查和批准本级决算草案的三十日前，将上一年度本级决算草案提交本级人民代表大会有关专门委员会进行初步审查，或者送交本级人民代表大会常务委员会有关工作机构征求意见。

县、自治县、不设区的市、市辖区政府财政部门应当在本级人民代表大会常务委员会举行会议审查和批准本级决算草案的三十日前，将上一年度本级决算草案送交本级人民代表大会常务委员会有关工作机构征求意见。

全国人民代表大会财政经济委员会和省、自治区、直辖市、设区的市、自治州人民代表大会有关专门委员会，向本级人民代表大会常务委员会提出关于本级决算草案的审查结果报告。

第七十九条 县级以上各级人民代表大会常务委员会和乡、民族乡、镇人民代表大会对本级决算草案，重点审查下列内容：

（一）预算收入情况；

（二）支出政策实施情况和重点支出、重大投资项目资金的使用及绩效情况；

（三）结转资金的使用情况；

（四）资金结余情况；

（五）本级预算调整及执行情况；

（六）财政转移支付安排执行情况；

（七）经批准举借债务的规模、结构、使用、偿还等情况；

（八）本级预算周转金规模和使用情况；

（九）本级预备费使用情况；

（十）超收收入安排情况，预算稳定调节基金的规模和使用情况；

（十一）本级人民代表大会批准的预算决议落实情况；

（十二）其他与决算有关的重要情况。

县级以上各级人民代表大会常务委员会应当结合本级政府提出的上一年度预算执行和其他财政收支的审计工作报告，对本级决算草案进行审查。

第八十条 各级决算经批准后，财政部门应当在二十日内向本级各部门批复决算。各部门应当在接到本级政府财政部门批复的本部门决算后十五日内向所属单位批复决算。

第八十一条 地方各级政府应当将经批准的决算及下一级政府上报备案的决算汇总，报上一级政府备案。

县级以上各级政府应当将下一级政府报送备案的决算汇总后，报本级人民代表大会常务委员会备案。

第八十二条 国务院和县级以上地方各级政府对下一级政府依照本法第八十一条规定报送备案的决算，认为有同法律、行政法规相抵触或者有其他不适当之处，需要撤销批准该项决算的决议的，应当提请本级人民代表大会常务委员会审议决定；经审议决定撤销的，该下级人民代表大会常务委员会应当责成本级政府依照本法规定重新编制决算草案，提请本级人民代表大会常务委员会审查和批准。

第九章　监　　督

第八十三条　全国人民代表大会及其常务委员会对中央和地方预算、决算进行监督。

县级以上地方各级人民代表大会及其常务委员会对本级和下级预算、决算进行监督。

乡、民族乡、镇人民代表大会对本级预算、决算进行监督。

第八十四条　各级人民代表大会和县级以上各级人民代表大会常务委员会有权就预算、决算中的重大事项或者特定问题组织调查，有关的政府、部门、单位和个人应当如实反映情况和提供必要的材料。

第八十五条　各级人民代表大会和县级以上各级人民代表大会常务委员会举行会议时，人民代表大会代表或者常务委员会组成人员，依照法律规定程序就预算、决算中的有关问题提出询问或者质询，受询问或者受质询的有关的政府或者财政部门必须及时给予答复。

第八十六条　国务院和县级以上地方各级政府应当在每年六月至九月期间向本级人民代表大会常务委员会报告预算执行情况。

第八十七条　各级政府监督下级政府的预算执行；下级政

府应当定期向上一级政府报告预算执行情况。

第八十八条 各级政府财政部门负责监督本级各部门及其所属各单位预算管理有关工作，并向本级政府和上一级政府财政部门报告预算执行情况。

第八十九条 县级以上政府审计部门依法对预算执行、决算实行审计监督。

对预算执行和其他财政收支的审计工作报告应当向社会公开。

第九十条 政府各部门负责监督检查所属各单位的预算执行，及时向本级政府财政部门反映本部门预算执行情况，依法纠正违反预算的行为。

第九十一条 公民、法人或者其他组织发现有违反本法的行为，可以依法向有关国家机关进行检举、控告。

接受检举、控告的国家机关应当依法进行处理，并为检举人、控告人保密。任何单位或者个人不得压制和打击报复检举人、控告人。

第十章 法律责任

第九十二条 各级政府及有关部门有下列行为之一的，责令改正，对负有直接责任的主管人员和其他直接责任人员追究行政责任：

（一）未依照本法规定，编制、报送预算草案、预算调整方案、决算草案和部门预算、决算以及批复预算、决算的；

（二）违反本法规定，进行预算调整的；

（三）未依照本法规定对有关预算事项进行公开和说明的；

（四）违反规定设立政府性基金项目和其他财政收入项目的；

（五）违反法律、法规规定使用预算预备费、预算周转金、预算稳定调节基金、超收收入的；

（六）违反本法规定开设财政专户的。

第九十三条 各级政府及有关部门、单位有下列行为之一的，责令改正，对负有直接责任的主管人员和其他直接责任人员依法给予降级、撤职、开除的处分：

（一）未将所有政府收入和支出列入预算或者虚列收入和支出的；

（二）违反法律、行政法规的规定，多征、提前征收或者减征、免征、缓征应征预算收入的；

（三）截留、占用、挪用或者拖欠应当上缴国库的预算收入的；

（四）违反本法规定，改变预算支出用途的；

（五）擅自改变上级政府专项转移支付资金用途的；

（六）违反本法规定拨付预算支出资金，办理预算收入收纳、划分、留解、退付，或者违反本法规定冻结、动用国库库款或者以其他方式支配已入国库库款的。

第九十四条 各级政府、各部门、各单位违反本法规定举借债务或者为他人债务提供担保，或者挪用重点支出资金，或者在预算之外及超预算标准建设楼堂馆所的，责令改正，对负有直接责任的主管人员和其他直接责任人员给予撤职、开除的处分。

第九十五条 各级政府有关部门、单位及其工作人员有下列行为之一的，责令改正，追回骗取、使用的资金，有违法所得的没收违法所得，对单位给予警告或者通报批评；对负有直接责任的主管人员和其他直接责任人员依法给予处分：

（一）违反法律、法规的规定，改变预算收入上缴方式的；

（二）以虚报、冒领等手段骗取预算资金的；

（三）违反规定扩大开支范围、提高开支标准的；

（四）其他违反财政管理规定的行为。

第九十六条 本法第九十二条、第九十三条、第九十四条、第九十五条所列违法行为，其他法律对其处理、处罚另有规定的，依照其规定。

违反本法规定，构成犯罪的，依法追究刑事责任。

第十一章 附 则

第九十七条 各级政府财政部门应当按年度编制以权责发生制为基础的政府综合财务报告，报告政府整体财务状况、运行情况和财政中长期可持续性，报本级人民代表大会常务委员会备案。

第九十八条 国务院根据本法制定实施条例。

第九十九条 民族自治地方的预算管理，依照民族区域自治法的有关规定执行；民族区域自治法没有规定的，依照本法和国务院的有关规定执行。

第一百条 省、自治区、直辖市人民代表大会或者其常务委员会根据本法，可以制定有关预算审查监督的决定或者地方性法规。

第一百零一条 本法自 1995 年 1 月 1 日起施行。1991 年 10 月 21 日国务院发布的《国家预算管理条例》同时废止。

中华人民共和国预算法实施条例

（1995年11月22日中华人民共和国国务院令第186号发布 2020年8月3日中华人民共和国国务院令第729号修订）

第一章 总 则

第一条 根据《中华人民共和国预算法》（以下简称预算法），制定本条例。

第二条 县级以上地方政府的派出机关根据本级政府授权进行预算管理活动，不作为一级预算，其收支纳入本级预算。

第三条 社会保险基金预算应当在精算平衡的基础上实现可持续运行，一般公共预算可以根据需要和财力适当安排资金补充社会保险基金预算。

第四条 预算法第六条第二款所称各部门，是指与本级政府财政部门直接发生预算缴拨款关系的国家机关、军队、政党组织、事业单位、社会团体和其他单位。

第五条 各部门预算应当反映一般公共预算、政府性基金预算、国有资本经营预算安排给本部门及其所属各单位的所有预算资金。

各部门预算收入包括本级财政安排给本部门及其所属各单

位的预算拨款收入和其他收入。各部门预算支出为与部门预算收入相对应的支出，包括基本支出和项目支出。

本条第二款所称基本支出，是指各部门、各单位为保障其机构正常运转、完成日常工作任务所发生的支出，包括人员经费和公用经费；所称项目支出，是指各部门、各单位为完成其特定的工作任务和事业发展目标所发生的支出。

各部门及其所属各单位的本级预算拨款收入和其相对应的支出，应当在部门预算中单独反映。

部门预算编制、执行的具体办法，由本级政府财政部门依法作出规定。

第六条 一般性转移支付向社会公开应当细化到地区。专项转移支付向社会公开应当细化到地区和项目。

政府债务、机关运行经费、政府采购、财政专户资金等情况，按照有关规定向社会公开。

部门预算、决算应当公开基本支出和项目支出。部门预算、决算支出按其功能分类应当公开到项；按其经济性质分类，基本支出应当公开到款。

各部门所属单位的预算、决算及报表，应当在部门批复后20日内由单位向社会公开。单位预算、决算应当公开基本支出和项目支出。单位预算、决算支出按其功能分类应当公开到项；按其经济性质分类，基本支出应当公开到款。

第七条 预算法第十五条所称中央和地方分税制，是指在划分中央与地方事权的基础上，确定中央与地方财政支出范围，并按税种划分中央与地方预算收入的财政管理体制。

分税制财政管理体制的具体内容和实施办法，按照国务院的有关规定执行。

第八条 县级以上地方各级政府应当根据中央和地方分税制的原则和上级政府的有关规定，确定本级政府对下级政府的财政管理体制。

第九条 预算法第十六条第二款所称一般性转移支付，包括：

（一）均衡性转移支付；

（二）对革命老区、民族地区、边疆地区、贫困地区的财力补助；

（三）其他一般性转移支付。

第十条 预算法第十六条第三款所称专项转移支付，是指上级政府为了实现特定的经济和社会发展目标给予下级政府，并由下级政府按照上级政府规定的用途安排使用的预算资金。

县级以上各级政府财政部门应当会同有关部门建立健全专项转移支付定期评估和退出机制。对评估后的专项转移支付，按照下列情形分别予以处理：

（一）符合法律、行政法规和国务院规定，有必要继续执行的，可以继续执行；

（二）设立的有关要求变更，或者实际绩效与目标差距较大、管理不够完善的，应当予以调整；

（三）设立依据失效或者废止的，应当予以取消。

第十一条 预算收入和预算支出以人民币元为计算单位。预算收支以人民币以外的货币收纳和支付的，应当折合成人民币计算。

第二章　预算收支范围

第十二条　预算法第二十七条第一款所称行政事业性收费收入，是指国家机关、事业单位等依照法律法规规定，按照国务院规定的程序批准，在实施社会公共管理以及在向公民、法人和其他组织提供特定公共服务过程中，按照规定标准向特定对象收取费用形成的收入。

预算法第二十七条第一款所称国有资源（资产）有偿使用收入，是指矿藏、水流、海域、无居民海岛以及法律规定属于国家所有的森林、草原等国有资源有偿使用收入，按照规定纳入一般公共预算管理的国有资产收入等。

预算法第二十七条第一款所称转移性收入，是指上级税收返还和转移支付、下级上解收入、调入资金以及按照财政部规定列入转移性收入的无隶属关系政府的无偿援助。

第十三条　转移性支出包括上解上级支出、对下级的税收返还和转移支付、调出资金以及按照财政部规定列入转移性支出的给予无隶属关系政府的无偿援助。

第十四条　政府性基金预算收入包括政府性基金各项目收入和转移性收入。

政府性基金预算支出包括与政府性基金预算收入相对应的各项目支出和转移性支出。

第十五条　国有资本经营预算收入包括依照法律、行政法规和国务院规定应当纳入国有资本经营预算的国有独资企业和国有独资公司按照规定上缴国家的利润收入、从国有资本控股和参股公司获得的股息红利收入、国有产权转让收入、清算收入和其他收入。

国有资本经营预算支出包括资本性支出、费用性支出、向一般公共预算调出资金等转移性支出和其他支出。

第十六条 社会保险基金预算收入包括各项社会保险费收入、利息收入、投资收益、一般公共预算补助收入、集体补助收入、转移收入、上级补助收入、下级上解收入和其他收入。

社会保险基金预算支出包括各项社会保险待遇支出、转移支出、补助下级支出、上解上级支出和其他支出。

第十七条 地方各级预算上下级之间有关收入和支出项目的划分以及上解、返还或者转移支付的具体办法，由上级地方政府规定，报本级人民代表大会常务委员会备案。

第十八条 地方各级社会保险基金预算上下级之间有关收入和支出项目的划分以及上解、补助的具体办法，按照统筹层次由上级地方政府规定，报本级人民代表大会常务委员会备案。

第三章 预 算 编 制

第十九条 预算法第三十一条所称预算草案，是指各级政府、各部门、各单位编制的未经法定程序审查和批准的预算。

第二十条 预算法第三十二条第一款所称绩效评价，是指根据设定的绩效目标，依据规范的程序，对预算资金的投入、使用过程、产出与效果进行系统和客观的评价。

绩效评价结果应当按照规定作为改进管理和编制以后年度

预算的依据。

第二十一条 预算法第三十二条第三款所称预算支出标准，是指对预算事项合理分类并分别规定的支出预算编制标准，包括基本支出标准和项目支出标准。

地方各级政府财政部门应当根据财政部制定的预算支出标准，结合本地区经济社会发展水平、财力状况等，制定本地区或者本级的预算支出标准。

第二十二条 财政部于每年6月15日前部署编制下一年度预算草案的具体事项，规定报表格式、编报方法、报送期限等。

第二十三条 中央各部门应当按照国务院的要求和财政部的部署，结合本部门的具体情况，组织编制本部门及其所属各单位的预算草案。

中央各部门负责本部门所属各单位预算草案的审核，并汇总编制本部门的预算草案，按照规定报财政部审核。

第二十四条 财政部审核中央各部门的预算草案，具体编制中央预算草案；汇总地方预算草案或者地方预算，汇编中央和地方预算草案。

第二十五条 省、自治区、直辖市政府按照国务院的要求和财政部的部署，结合本地区的具体情况，提出本行政区域编制预算草案的要求。

县级以上地方各级政府财政部门应当于每年6月30日前部署本行政区域编制下一年度预算草案的具体事项，规定有关报表格式、编报方法、报送期限等。

第二十六条 县级以上地方各级政府各部门应当根据本级

政府的要求和本级政府财政部门的部署，结合本部门的具体情况，组织编制本部门及其所属各单位的预算草案，按照规定报本级政府财政部门审核。

第二十七条 县级以上地方各级政府财政部门审核本级各部门的预算草案，具体编制本级预算草案，汇编本级总预算草案，经本级政府审定后，按照规定期限报上一级政府财政部门。

省、自治区、直辖市政府财政部门汇总的本级总预算草案或者本级总预算，应当于下一年度1月10日前报财政部。

第二十八条 县级以上各级政府财政部门审核本级各部门的预算草案时，发现不符合编制预算要求的，应当予以纠正；汇编本级总预算草案时，发现下级预算草案不符合上级政府或者本级政府编制预算要求的，应当及时向本级政府报告，由本级政府予以纠正。

第二十九条 各级政府财政部门编制收入预算草案时，应当征求税务、海关等预算收入征收部门和单位的意见。

预算收入征收部门和单位应当按照财政部门的要求提供下一年度预算收入征收预测情况。

第三十条 财政部门会同社会保险行政部门部署编制下一年度社会保险基金预算草案的具体事项。

社会保险经办机构具体编制下一年度社会保险基金预算草案，报本级社会保险行政部门审核汇总。社会保险基金收入预算草案由社会保险经办机构会同社会保险费征收机构具体编制。财政部门负责审核并汇总编制社会保险基金预算草案。

第三十一条 各级政府财政部门应当依照预算法和本条例

规定，制定本级预算草案编制规程。

第三十二条 各部门、各单位在编制预算草案时，应当根据资产配置标准，结合存量资产情况编制相关支出预算。

第三十三条 中央一般公共预算收入编制内容包括本级一般公共预算收入、从国有资本经营预算调入资金、地方上解收入、从预算稳定调节基金调入资金、其他调入资金。

中央一般公共预算支出编制内容包括本级一般公共预算支出、对地方的税收返还和转移支付、补充预算稳定调节基金。

中央政府债务余额的限额应当在本级预算中单独列示。

第三十四条 地方各级一般公共预算收入编制内容包括本级一般公共预算收入、从国有资本经营预算调入资金、上级税收返还和转移支付、下级上解收入、从预算稳定调节基金调入资金、其他调入资金。

地方各级一般公共预算支出编制内容包括本级一般公共预算支出、上解上级支出、对下级的税收返还和转移支付、补充预算稳定调节基金。

第三十五条 中央政府性基金预算收入编制内容包括本级政府性基金各项目收入、上一年度结余、地方上解收入。

中央政府性基金预算支出编制内容包括本级政府性基金各项目支出、对地方的转移支付、调出资金。

第三十六条 地方政府性基金预算收入编制内容包括本级政府性基金各项目收入、上一年度结余、下级上解收入、上级转移支付。

地方政府性基金预算支出编制内容包括本级政府性基金各项目支出、上解上级支出、对下级的转移支付、调出资金。

第三十七条 中央国有资本经营预算收入编制内容包括本级收入、上一年度结余、地方上解收入。

中央国有资本经营预算支出编制内容包括本级支出、向一般公共预算调出资金、对地方特定事项的转移支付。

第三十八条 地方国有资本经营预算收入编制内容包括本级收入、上一年度结余、上级对特定事项的转移支付、下级上解收入。

地方国有资本经营预算支出编制内容包括本级支出、向一般公共预算调出资金、对下级特定事项的转移支付、上解上级支出。

第三十九条 中央和地方社会保险基金预算收入、支出编制内容包括本条例第十六条规定的各项收入和支出。

第四十条 各部门、各单位预算收入编制内容包括本级预算拨款收入、预算拨款结转和其他收入。

各部门、各单位预算支出编制内容包括基本支出和项目支出。

各部门、各单位的预算支出，按其功能分类应当编列到项，按其经济性质分类应当编列到款。

第四十一条 各级政府应当加强项目支出管理。各级政府财政部门应当建立和完善项目支出预算评审制度。各部门、各单位应当按照本级政府财政部门的规定开展预算评审。

项目支出实行项目库管理，并建立健全项目入库评审机制和项目滚动管理机制。

第四十二条 预算法第三十四条第二款所称余额管理，是指国务院在全国人民代表大会批准的中央一般公共预算债务的余额限额内，决定发债规模、品种、期限和时点的管理方式；所称余额，是指中央一般公共预算中举借债务未偿还的本金。

第四十三条 地方政府债务余额实行限额管理。各省、自治区、直辖市的政府债务限额，由财政部在全国人民代表大会或者其常务委员会批准的总限额内，根据各地区债务风险、财力状况等因素，并考虑国家宏观调控政策等需要，提出方案报国务院批准。

各省、自治区、直辖市的政府债务余额不得突破国务院批准的限额。

第四十四条 预算法第三十五条第二款所称举借债务的规模，是指各地方政府债务余额限额的总和，包括一般债务限额和专项债务限额。一般债务是指列入一般公共预算用于公益性事业发展的一般债券、地方政府负有偿还责任的外国政府和国际经济组织贷款转贷债务；专项债务是指列入政府性基金预算用于有收益的公益性事业发展的专项债券。

第四十五条 省、自治区、直辖市政府财政部门依照国务院下达的本地区地方政府债务限额，提出本级和转贷给下级政府的债务限额安排方案，报本级政府批准后，将增加举借的债务列入本级预算调整方案，报本级人民代表大会常务委员会批准。

接受转贷并向下级政府转贷的政府应当将转贷债务纳入本级预算管理。使用转贷并负有直接偿还责任的政府，应当将转贷债务列入本级预算调整方案，报本级人民代表大会常务委员会批准。

地方各级政府财政部门负责统一管理本地区政府债务。

第四十六条 国务院可以将举借的外国政府和国际经济组

织贷款转贷给省、自治区、直辖市政府。

国务院向省、自治区、直辖市政府转贷的外国政府和国际经济组织贷款，省、自治区、直辖市政府负有直接偿还责任的，应当纳入本级预算管理。省、自治区、直辖市政府未能按时履行还款义务的，国务院可以相应抵扣对该地区的税收返还等资金。

省、自治区、直辖市政府可以将国务院转贷的外国政府和国际经济组织贷款再转贷给下级政府。

第四十七条 财政部和省、自治区、直辖市政府财政部门应当建立健全地方政府债务风险评估指标体系，组织评估地方政府债务风险状况，对债务高风险地区提出预警，并监督化解债务风险。

第四十八条 县级以上各级政府应当按照本年度转移支付预计执行数的一定比例将下一年度转移支付预计数提前下达至下一级政府，具体下达事宜由本级政府财政部门办理。

除据实结算等特殊项目的转移支付外，提前下达的一般性转移支付预计数的比例一般不低于 90%；提前下达的专项转移支付预计数的比例一般不低于70%。其中，按照项目法管理分配的专项转移支付，应当一并明确下一年度组织实施的项目。

第四十九条 经本级政府批准，各级政府财政部门可以设置预算周转金，额度不得超过本级一般公共预算支出总额的1%。年度终了时，各级政府财政部门可以将预算周转金收回并用于补充预算稳定调节基金。

第五十条 预算法第四十二条第一款所称结转资金，是指预算安排项目的支出年度终了时尚未执行完毕，或者因故未执行但下一年度需要按原用途继续使用的资金；连续两年未用完的结转资金，是指预算安排项目的支出在下一年度终了时仍未用完的资金。

预算法第四十二条第一款所称结余资金，是指年度预算执行终了时，预算收入实际完成数扣除预算支出实际完成数和结转资金后剩余的资金。

第四章　预 算 执 行

第五十一条　预算执行中，政府财政部门的主要职责：

（一）研究和落实财政税收政策措施，支持经济社会健康发展；

（二）制定组织预算收入、管理预算支出以及相关财务、会计、内部控制、监督等制度和办法；

（三）督促各预算收入征收部门和单位依法履行职责，征缴预算收入；

（四）根据年度支出预算和用款计划，合理调度、拨付预算资金，监督各部门、各单位预算资金使用管理情况；

（五）统一管理政府债务的举借、支出与偿还，监督债务资金使用情况；

（六）指导和监督各部门、各单位建立健全财务制度和会计核算体系，规范账户管理，健全内部控制机制，按照规定使用预算资金；

（七）汇总、编报分期的预算执行数据，分析预算执行情况，按照本级人民代表大会常务委员会、本级政府和上一级政府财政部门的要求定期报告预算执行情况，并提出相关政策建议；

（八）组织和指导预算资金绩效监控、绩效评价；

（九）协调预算收入征收部门和单位、国库以及其他有关部门的业务工作。

第五十二条 预算法第五十六条第二款所称财政专户，是指财政部门为履行财政管理职能，根据法律规定或者经国务院批准开设的用于管理核算特定专用资金的银行结算账户；所称特定专用资金，包括法律规定可以设立财政专户的资金，外国政府和国际经济组织的贷款、赠款，按照规定存储的人民币以外的货币，财政部会同有关部门报国务院批准的其他特定专用资金。

开设、变更财政专户应当经财政部核准，撤销财政专户应当报财政部备案，中国人民银行应当加强对银行业金融机构开户的核准、管理和监督工作。

财政专户资金由本级政府财政部门管理。除法律另有规定外，未经本级政府财政部门同意，任何部门、单位和个人都无权冻结、动用财政专户资金。

财政专户资金应当由本级政府财政部门纳入统一的会计核算，并在预算执行情况、决算和政府综合财务报告中单独反映。

第五十三条 预算执行中，各部门、各单位的主要职责：

（一）制定本部门、本单位预算执行制度，建立健全内部控制机制；

（二）依法组织收入，严格支出管理，实施绩效监控，开展绩效评价，提高资金使用效益；

（三）对单位的各项经济业务进行会计核算；

（四）汇总本部门、本单位的预算执行情况，定期向本级政府财政部门报送预算执行情况报告和绩效评价报告。

第五十四条 财政部门会同社会保险行政部门、社会保险费征收机构制定社会保险基金预算的收入、支出以及财务管理的具体办法。

社会保险基金预算由社会保险费征收机构和社会保险经办机构具体执行，并按照规定向本级政府财政部门和社会保险行政部门报告执行情况。

第五十五条 各级政府财政部门和税务、海关等预算收入征收部门和单位必须依法组织预算收入，按照财政管理体制、征收管理制度和国库集中收缴制度的规定征收预算收入，除依法缴入财政专户的社会保险基金等预算收入外，应当及时将预算收入缴入国库。

第五十六条 除依法缴入财政专户的社会保险基金等预算收入外，一切有预算收入上缴义务的部门和单位，必须将应当上缴的预算收入，按照规定的预算级次、政府收支分类科目、缴库方式和期限缴入国库，任何部门、单位和个人不得截留、占用、挪用或者拖欠。

第五十七条 各级政府财政部门应当加强对预算资金拨付的管理，并遵循下列原则：

（一）按照预算拨付，即按照批准的年度预算和用款计划拨付资金。除预算法第五十四条规定的在预算草案批准前可以安排支出的情形外，不得办理无预算、无用款计划、超预算或者超计划的资金拨付，不得擅自改变支出用途；

（二）按照规定的预算级次和程序拨付，即根据用款单位的申请，按照用款单位的预算级次、审定的用款计划和财政部门规定的预算资金拨付程序拨付资金；

（三）按照进度拨付，即根据用款单位的实际用款进度拨付资金。

第五十八条 财政部应当根据全国人民代表大会批准的中央政府债务余额限额，合理安排发行国债的品种、结构、期限和时点。

省、自治区、直辖市政府财政部门应当根据国务院批准的本地区政府债务限额，合理安排发行本地区政府债券的结构、期限和时点。

第五十九条 转移支付预算下达和资金拨付应当由财政部门办理，其他部门和单位不得对下级政府部门和单位下达转移支付预算或者拨付转移支付资金。

第六十条 各级政府、各部门、各单位应当加强对预算支出的管理，严格执行预算，遵守财政制度，强化预算约束，不得擅自扩大支出范围、提高开支标准；严格按照预算规定的支出用途使用资金，合理安排支出进度。

第六十一条 财政部负责制定与预算执行有关的财务规则、会计准则和会计制度。各部门、各单位应当按照本级政府财政部门的要求建立健全财务制度，加强会计核算。

第六十二条 国库是办理预算收入的收纳、划分、留解、退付和库款支拨的专门机构。国库分为中央国库和地方国库。

中央国库业务由中国人民银行经理。未设中国人民银行分支机构的地区，由中国人民银行商财政部后，委托有关银行业金融机构办理。

地方国库业务由中国人民银行分支机构经理。未设中国人民银行分支机构的地区，由上级中国人民银行分支机构商有关地方政府财政部门后，委托有关银行业金融机构办理。

具备条件的乡、民族乡、镇，应当设立国库。具体条件和标准由省、自治区、直辖市政府财政部门确定。

第六十三条 中央国库业务应当接受财政部的指导和监督，对中央财政负责。

地方国库业务应当接受本级政府财政部门的指导和监督，对地方财政负责。

省、自治区、直辖市制定的地方国库业务规程应当报财政部和中国人民银行备案。

第六十四条 各级国库应当及时向本级政府财政部门编报预算收入入库、解库、库款拨付以及库款余额情况的日报、旬报、月报和年报。

第六十五条 各级国库应当依照有关法律、行政法规、国务院以及财政部、中国人民银行的有关规定，加强对国库业务的管理，及时准确地办理预算收入的收纳、划分、留解、退付和预算支出的拨付。

各级国库和有关银行业金融机构必须遵守国家有关预算收入缴库的规定，不得延解、占压应当缴入国库的预算收入和国库库款。

第六十六条 各级国库必须凭本级政府财政部门签发的拨

款凭证或者支付清算指令于当日办理资金拨付，并及时将款项转入收款单位的账户或者清算资金。

各级国库和有关银行业金融机构不得占压财政部门拨付的预算资金。

第六十七条 各级政府财政部门、预算收入征收部门和单位、国库应当建立健全相互之间的预算收入对账制度，在预算执行中按月、按年核对预算收入的收纳以及库款拨付情况，保证预算收入的征收入库、库款拨付和库存金额准确无误。

第六十八条 中央预算收入、中央和地方预算共享收入退库的办法，由财政部制定。地方预算收入退库的办法，由省、自治区、直辖市政府财政部门制定。

各级预算收入退库的审批权属于本级政府财政部门。中央预算收入、中央和地方预算共享收入的退库，由财政部或者财政部授权的机构批准。地方预算收入的退库，由地方政府财政部门或者其授权的机构批准。具体退库程序按照财政部的有关规定办理。

办理预算收入退库，应当直接退给申请单位或者申请个人，按照国家规定用途使用。任何部门、单位和个人不得截留、挪用退库款项。

第六十九条 各级政府应当加强对本级国库的管理和监督，各级政府财政部门负责协调本级预算收入征收部门和单位与国库的业务工作。

第七十条 国务院各部门制定的规章、文件，凡涉及减免应缴预算收入、设立和改变收入项目和标准、罚没财物处理、经费开支标准和范围、国有资产处置和收益分配以及会计核算等事项的，应当符合国家统一的规定；凡涉及增加或者减少财政收入或者支出的，应当征求财政部意见。

第七十一条 地方政府依据法定权限制定的规章和规定的行政措施，不得涉及减免中央预算收入、中央和地方预算共享收入，不得影响中央预算收入、中央和地方预算共享收入的征收；违反规定的，有关预算收入征收部门和单位有权拒绝执行，并应当向上级预算收入征收部门和单位以及财政部报告。

第七十二条 各级政府应当加强对预算执行工作的领导，定期听取财政部门有关预算执行情况的汇报，研究解决预算执行中出现的问题。

第七十三条 各级政府财政部门有权监督本级各部门及其所属各单位的预算管理有关工作，对各部门的预算执行情况和绩效进行评价、考核。

各级政府财政部门有权对与本级各预算收入相关的征收部门和单位征收本级预算收入的情况进行监督，对违反法律、行政法规规定多征、提前征收、减征、免征、缓征或者退还预算收入的，责令改正。

第七十四条 各级政府财政部门应当每月向本级政府报告预算执行情况，具体报告内容、方式和期限由本级政府规定。

第七十五条 地方各级政府财政部门应当定期向上一级政府财政部门报送本行政区域预算执行情况，包括预算执行旬报、月报、季报，政府债务余额统计报告，国库库款报告以及相关文字说明材料。具体报送内容、方式和期限由上一级政府财政部门规定。

第七十六条 各级税务、海关等预算收入征收部门和单位应当按照财政部门规定的期限和要求，向财政部门和上级主管部门报送有关预算收入征收情况，并附文字说明材料。

各级税务、海关等预算收入征收部门和单位应当与相关财政部门建立收入征管信息共享机制。

第七十七条 各部门应当按照本级政府财政部门规定的期限和要求，向本级政府财政部门报送本部门及其所属各单位的预算收支情况等报表和文字说明材料。

第七十八条 预算法第六十六条第一款所称超收收入，是指年度本级一般公共预算收入的实际完成数超过经本级人民代表大会或者其常务委员会批准的预算收入数的部分。

预算法第六十六条第三款所称短收，是指年度本级一般公共预算收入的实际完成数小于经本级人民代表大会或者其常务委员会批准的预算收入数的情形。

前两款所称实际完成数和预算收入数，不包括转移性收入和政府债务收入。

省、自治区、直辖市政府依照预算法第六十六条第三款规定增列的赤字，可以通过在国务院下达的本地区政府债务限额内发行地方政府一般债券予以平衡。

设区的市、自治州以下各级一般公共预算年度执行中出现短收的，应当通过调入预算稳定调节基金或者其他预算资金、减少支出等方式实现收支平衡；采取上述措施仍不能实现收支平衡的，可以通过申请上级政府临时救助平衡当年预算，并在下一年度预算中安排资金归还。

各级一般公共预算年度执行中厉行节约、节约开支，造成本级预算支出实际执行数小于预算总支出的，不属于预算调整的情形。

各级政府性基金预算年度执行中有超收收入的，应当在下一年度安排使用并优先用于偿还相应的专项债务；出现短收的，应当通过减少支出实现收支平衡。国务院另有规定的除外。

各级国有资本经营预算年度执行中有超收收入的，应当在下一年度安排使用；出现短收的，应当通过减少支出实现收支平衡。国务院另有规定的除外。

第七十九条 年度预算确定后，部门、单位改变隶属关系引起预算级次或者预算关系变化的，应当在改变财务关系的同时，相应办理预算、资产划转。

第五章 决 算

第八十条 预算法第七十四条所称决算草案，是指各级政府、各部门、各单位编制的未经法定程序审查和批准的预算收支和结余的年度执行结果。

第八十一条 财政部应当在每年第四季度部署编制决算草案的原则、要求、方法和报送期限，制发中央各部门决算、地方决算以及其他有关决算的报表格式。

省、自治区、直辖市政府按照国务院的要求和财政部的部署，结合本地区的具体情况，提出本行政区域编制决算草案的要求。

县级以上地方政府财政部门根据财政部的部署和省、自治区、直辖市政府的要求，部署编制本级政府各部门和下级政府决算草案的原则、要求、方法和报送期限，制发本级政府各部门决算、下级政府决算以及其他有关决算的报表格式。

第八十二条 地方政府财政部门根据上级政府财政部门的部署，制定本行政区域决算草案和本级各部门决算草案的具体编制办法。

各部门根据本级政府财政部门的部署，制定所属各单位决算草案的具体编制办法。

第八十三条 各级政府财政部门、各部门、各单位在每一预算年度终了时，应当清理核实全年预算收入、支出数据和往来款项，做好决算数据对账工作。

决算各项数据应当以经核实的各级政府、各部门、各单位会计数据为准，不得以估计数据替代，不得弄虚作假。

各部门、各单位决算应当列示结转、结余资金。

第八十四条 各单位应当按照主管部门的布置，认真编制本单位决算草案，在规定期限内上报。

各部门在审核汇总所属各单位决算草案基础上，连同本部门自身的决算收入和支出数据，汇编成本部门决算草案并附详细说明，经部门负责人签章后，在规定期限内报本级政府财政部门审核。

第八十五条 各级预算收入征收部门和单位应当按照财政部门的要求，及时编制收入年报以及有关资料并报送财政部门。

第八十六条 各级政府财政部门应当根据本级预算、预算会计核算数据等相关资料编制本级决算草案。

第八十七条 年度预算执行终了，对于上下级财政之间按照规定需要清算的事项，应当在决算时办理结算。

县级以上各级政府财政部门编制的决算草案应当及时报送本级政府审计部门审计。

第八十八条 县级以上地方各级政府应当自本级决算经批准之日起30日内，将本级决算以及下一级政府上报备案的决算汇总，报上一级政府备案；将下一级政府报送备案的决算汇总，报本级人民代表大会常务委员会备案。

乡、民族乡、镇政府应当自本级决算经批准之日起30日内，将本级决算报上一级政府备案。

第六章 监 督

第八十九条 县级以上各级政府应当接受本级和上级人民代表大会及其常务委员会对预算执行情况和决算的监督，乡、民族乡、镇政府应当接受本级人民代表大会和上级人民代表大会及其常务委员会对预算执行情况和决算的监督；按照本级人民代表大会或者其常务委员会的要求，报告预算执行情况；认真研究处理本级人民代表大会代表或者其常务委员会组成人员有关改进预算管理的建议、批评和意见，并及时答复。

第九十条 各级政府应当加强对下级政府预算执行情况的监督，对下级政府在预算执行中违反预算法、本条例和国家方针政策的行为，依法予以制止和纠正；对本级预算执行中出现的问题，及时采取处理措施。

下级政府应当接受上级政府对预算执行情况的监督；根据上级政府的要求，及时提供资料，如实反映情况，不得隐瞒、虚报；严格执行上级政府作出的有关决定，并将执行结果及时上报。

第九十一条 各部门及其所属各单位应当接受本级政府财政部门对预算管理有关工作的监督。

财政部派出机构根据职责和财政部的授权，依法开展工作。

第九十二条 各级政府审计部门应当依法对本级预算执行情况和决算草案，本级各部门、各单位和下级政府的预算执行情况和决算，进行审计监督。

第七章 法律责任

第九十三条 预算法第九十三条第六项所称违反本法规定冻结、动用国库库款或者以其他方式支配已入国库库款，是指：

（一）未经有关政府财政部门同意，冻结、动用国库库款；

（二）预算收入征收部门和单位违反规定将所收税款和其他预算收入存入国库之外的其他账户；

（三）未经有关政府财政部门或者财政部门授权的机构同意，办理资金拨付和退付；

（四）将国库库款挪作他用；

（五）延解、占压国库库款；

（六）占压政府财政部门拨付的预算资金。

第九十四条 各级政府、有关部门和单位有下列行为之一的，责令改正；对负有直接责任的主管人员和其他直接责任人员，依法给予处分：

（一）突破一般债务限额或者专项债务限额举借债务；

（二）违反本条例规定下达转移支付预算或者拨付转移支付资金；

（三）擅自开设、变更账户。

第八章　附　　则

第九十五条　预算法第九十七条所称政府综合财务报告，是指以权责发生制为基础编制的反映各级政府整体财务状况、运行情况和财政中长期可持续性的报告。政府综合财务报告包括政府资产负债表、收入费用表等财务报表和报表附注，以及以此为基础进行的综合分析等。

第九十六条　政府投资年度计划应当和本级预算相衔接。政府投资决策、项目实施和监督管理按照政府投资有关行政法规执行。

第九十七条　本条例自 2020 年 10 月 1 日起施行。

司法部、财政部负责人就《中华人民共和国预算法实施条例》修订有关问题答记者问

2020 年 8 月 3 日，国务院总理李克强签署国务院令，公布修订后的《中华人民共和国预算法实施条例》（以下简称《条例》），自 2020 年 10 月 1 日起施行。日前，司法部、财政部负责人就修订《条例》有关问题回答了记者提问。

问：《条例》修订的背景和主要原则是什么？

答：现行《条例》于 1995 年发布施行，在规范预算管理、增强预算编制和执行的科学性、深化分税制改革等方面发挥了重要作用。2014 年全国人大常委会审议通过了《关于修改〈中华人民共和国预算法〉的决定》（以下简称预算法），增强了预算的完整性、科学性和透明度，强化了政府债务管理，完善了财政转移支付制度，规范了预算调整和执行，加强了预算审查监督。党的十九大报告提出，建立全面规范透明、标准科学、约束有力的预算制度，全面实施绩效管理。党的十九届四中全会决定进一步强调，完善标准科学、规范透明、约束有力的预算制度。党中央、国务院关于预算管理的重大决策部署和预算法的实施，为《条例》修订提供了根本遵循。近年来，财政预

算改革实践不断深化，财政管理更加规范透明，财政体制更加科学合理，为《条例》修订提供了实践基础。

《条例》修订的主要原则：一是体现深化财税体制改革的成果，将预算法实施后出台的国务院关于深化预算管理制度改革等有关规定法治化；二是细化明确预算法有关规定，对授权国务院规定的事项作出具体规定；三是满足预算管理实际需要，根据近年来的实践对预算收支范围、转移支付、地方政府债务等事项作出相应规定。

问：预算如何编制是社会各方面比较关注的问题，请问《条例》在预算编制方面作了哪些规定？

答：预算法对预算编制主体、程序、内容、依据以及法律责任等作了规定。为落实预算法有关规定，《条例》主要从三个方面对预算编制作了细化规定：一是明确预算草案编制时间。《条例》分别规定了财政部和地方财政部门编制预算草案的时间。财政部于每年 6 月 15 日前部署编制下一年度预算草案的具体事项，县级以上地方各级政府财政部门于每年 6 月 30 日前部署本行政区域编制下一年度预算草案的具体事项，包括有关报表格式、编报方法、报送期限等。二是规范收入预算编制。为提高收入预算编制的科学性、准确性，体现收入预算从约束性转向预期性的要求，《条例》规定，各级政府财政部门编制收入预算草案时，应当征求税务、海关等预算收入征收部门和单位的意见；预算收入征收部门和单位应当按照财政部门的要求提供下一年度预算收入征收预测情况，并与相关财政部门建立收入征管信息共享机制。三是明确预算收支编制内容。《条例》对中央和地方一般公共预算、政府性基金预算、国有资本经营预算、社会保险基金预算和各部门、各单位预算的编制内容作了规定。此外，《条例》对制定预算支出标准、编制社会保险基金预算草案、制定预算草案编制规程等作了规定。这些规定，使各级预算编制的具体程序和要求更加明确，有利于更好地规范预算编制，确保预算编制工作顺利进行。

问：我国的部门预算改革已经推行20年，请问《条例》在部门预算管理方面作了哪些规定？

答：实行部门预算管理，是上世纪90年代末以来我国为加强财政支出管理推出的一项重大改革。20多年来，各级财政部门、各部门不断深化部门预算改革，预算编制更加全面规范，管理措施更加丰富完善，运行机制更加顺畅高效，预算管理更加公开透明，为各政府部门履行职能和推动事业发展提供了重要保障。为落实预算法关于部门预算的组成、管理职权、编制等方面规定，在总结部门预算改革成效的基础上，《条例》主要从三个方面作了规定：一是统一部门预算管理口径。按照全口径预算管理要求，规定各部门预算应当反映一般公共预算、政府性基金预算、国有资本经营预算安排给本部门及其所属各单位的所有预算资金。二是明确部门预算收支范围。规定各部门预算收入包括本级财政安排给本部门及其所属各单位的预算拨款收入和其他收入；支出为与部门预算收入相对应的支出，包括基本支出和项目支出，并要求在部门预算中单独反映本级预算拨款收入和其相对应的支出。三是完善项目支出管理方式。规定项目支出实行项目库管理，建立健全项目入库评审机制和项目滚动管理机制；各级政府应当加强项目支出管理，各级政府财政部门应当建立和完善项目支出预算评审制度，各部门、各单位应当按规定开展预算评审。此外，还规定部门预算编制、执行的具体办法，由本级政府财政部门依法作出规定。

问：《条例》在规范预算公开方面作了哪些规定？

答：《条例》主要从三个方面细化了预算法关于预算公开的内容：一是细化转移支付公开内容。规定一般性转移支付向社会公开应当细化到地区；专项转移支付向社会公开应当细化到地区和项目。二是明确政府债务、机关运行经费、政府采购、财政专户资金等需要按规定向社会公开。三是细化部门及所属单位预算、决算公开内容。规定部门预算、决算应当公开基本支出和项目支出；部门预算、决算支出按其功能分类应当公开到项；按其经济性质分类，基本支出应当公开到款。各部门所属单位的预算、决算及报表，应当在部门批复后20日内由单位向社会公开；单位预算、决算应当公开基本支出和项目支出；单位预算、决算支出按其功能分类应当公开到项，按其经济性质分类，基本支出应当公开到款。

问：随着我国财政收入稳步增长，转移支付资金规模也越来越大，《条例》在规范转移支付管理方面作了哪些规定？

答：1994年实行分税制财政体制以来，我国逐步建立并不断完善财政转移支付制度，有力促进了区域协调发展和基本公共服务均等化。为规范转移支付制度，《条例》主要从三个方面作了规定：一是明确一般性转移支付范围。规定一般性转移支付包括均衡性转移支付，对革命老区、民族地区、边疆地区、贫困地区的财力补助，其他一般性转移支付。二是建立健全专项转移支付定期评估和退出机制。规定县级以上各级政府财政部门应当会同有关部门建立健全专项转移支付定期评估和退出机制，对评估后符合法律、行政法规和国务院规定，有必要继续执行的，可以继续执行；设立的有关要求变更，或者实际绩效与目标差距较大、管理不够完善的，应当予以调整；设立依据失效或者废止的，应当予以取消。三是规范转移支付预算下达。明确转移支付预计数提前下达、预算下达和资金拨付均由财政部门办理。同时，为提高预算编制的完整性、准确性，对转移支付预计数提前下达的比例和有关要求作了明确。

问：社会各界对地方政府债务管理比较关注，《条例》在规范政府债务方面作了哪些规定？

答：预算法对地方政府债务管理作出比较全面的规定，国务院据此印发了《国务院关于加强地方政府性债务管理的意见》等一系列文件，明确了地方政府债务管理的具体要求。《条例》主要从四个方面对政府债务管理作了规范：一是细化地方政府债务余额限额管理。明确各省、自治区、直辖市的政府债务限额由财政部在经全国人大或者其常委会批准的总限额内，提出方案报国务院批准；地方政府债务余额不得突破国务院批准的限额。二是明确转贷债务管理。规定省、自治区、直辖市政府可以将举借的政府债务转贷给下级政府，下级政府应当将转贷债务纳入本级预算管理，负有直接偿还责任的政府应当将转贷债务列入本级预算调整方案，报本级人大常委会批准。三是完善地方政府债务风险评估和预警机制。规定财政部和省、自治区、直辖市政府财政部门应当建立健全地方政府债务风险评估指标体系，组织评估地方政府债务风险状况，对债务高风险地区提出预警，并监督化解债务风险。四是合理安排发行政府债券。规定财政部应当根据全国人民代表大会批准的中央政府债务余额限额，合理安排发行国债的品种、结构、期限和时点；省、自治区、直辖市政府财政部门应当根据国务院批准的本地区政府债务限额，合理安排发行本地区政府债券的结构、期限和时点。

问：2018 年，中共中央、国务院印发《关于全面实施预算绩效管理的意见》，请问《条例》对预算绩效管理作了哪些规定？

答：全面实施预算绩效管理是推进国家治理体系和治理能力现代化的内在要求，是深化财税体制改革、建立现代财政制度的重要内容。《条例》在预算管理各环节细化完善了绩效管理的有关要求，推动预算和绩效管理深度融合，主要从三个方面作了规定：一是完善预算绩效管理制度。规定预算执行中政府财政部门组织和指导预算资金绩效监控、绩效评价；各部门、各单位实施绩效监控，定期向本级政府财政部门报送预算执行情况报告和绩效评价报告。二是强化绩效结果应用。规定对评估后的专项转移支付，设立的有关要求变更，或者实际绩效与目标差距较大、管理不够完善的，应当予以调整。绩效评价结果应当按照规定作为改进管理和编制以后年度预算的依据。三是进一步明确职责。规定各级政府财政部门有权监督本级各部门及其所属各单位的预算管理有关工作，对各部门的预算执行情况和绩效进行评价、考核。

问：近年来，在规范财政专户管理方面采取了很多有效措施，也取得了显著成效，请问《条例》对规范财政专户管理作了哪些规定？

答：为严格规范财政专户管理，切实保障资金安全，2011

年以来财政部对地方财政专户组织了多次专项检查，并不断健全完善相关制度。《条例》对规范财政专户管理主要从三个方面作了规定：一是明确财政专户的含义和使用范围。财政专户是指财政部门为履行财政管理职能，根据法律规定或者经国务院批准开设的用于管理核算特定专用资金的银行结算账户。特定专用资金，包括法律规定可以设立财政专户的资金，外国政府和国际经济组织的贷款、赠款，按照规定存储的人民币以外的货币，财政部会同有关部门报国务院批准的其他特定专用资金。二是对财政专户的设立作出严格规定。规定开设、变更财政专户应当经财政部核准，撤销财政专户应当报财政部备案，中国人民银行应当加强对银行业金融机构开户的核准、管理和监督工作。三是规范财政专户资金管理。规定财政专户资金由本级政府财政部门管理。除法律另有规定外，未经本级政府财政部门同意，任何部门、单位和个人都无权冻结、动用财政专户资金。财政专户资金应当由本级政府财政部门纳入统一的会计核算，并在预算执行情况、决算和政府综合财务报告中单独反映。财政专户资金情况按照有关规定向社会公开。

问：《条例》公布施行对积极有为的财政政策有哪些促进作用？

答：一是有利于加强预算执行管理。《条例》对加强预算支出管理、合理安排支出进度、加快转移支付预算资金下达等作出明确规定，同时规定对违反法律、行政法规规定多征、提前征收、减征、免征、缓征或者退还预算收入的，责令改正，防范地方征收“过头税”。二是有利于提高资金使用效益。《条例》对进一步加强绩效管理、提高资金使用效益等作出规定，进一步构建了全方位预算绩效管理格局，健全了预算绩效管理制度，强化了预算绩效管理监督和约束，有利于各级财政进一步聚焦做好“六稳”工作、落实“六保”任务。三是有利于提高预算透明度。《条例》贯彻预算法关于预算公开的要求，对政府预算和部门预算公开工作作了细化规定，对各部门所属单位预算、决算公开的时限、细化程度也提出了具体要求，有利于增强预算透明度，促进透明政府、廉洁政府建设。

问：有关部门将采取哪些措施确保《条例》的贯彻实施？

答：一是抓好《条例》的宣传培训。按照“谁执法谁普法”的要求，各级财政部门要在做好自身培训学习的同时，组织预算单位有关人员深入学习。同时加大宣传力度，增强社会各界对《条例》的知晓度，进一步提升预算法治意识。二是着力抓好《条例》的实施。各级财政部门、各部门要严格执行预算法和《条例》，及时发布出台相关制度办法，确保《条例》各项规定落到实处。三是及时修订和清理预算管理规章制度。按照“谁制定谁清理”的原则，各部门、各有关单位要及时修订和清理与《条例》不一致的预算管理规章制度，确保规章制度依法合规。